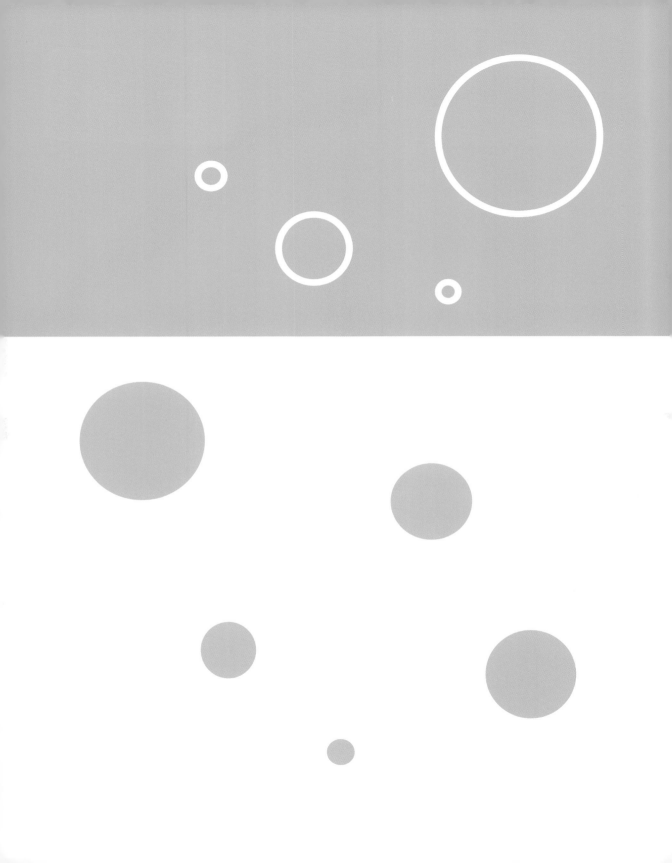

小清新迷你水族瓶

用喜歡的玻璃杯罐、水草小蝦，打造自給自足的水底生態

用水草創作的藝術家

田畑哲生 著

朱雀文化

忍不住想盯著看的水中微風景

「咦？為什麼？沒有用打氣機耶……這樣可以養魚嗎？」
某位女性驚訝地問道。
她看到的是密閉蓋子的「水族瓶」。
很不可思議對吧！？為什麼呢？
原因就在於水草神奇的力量，讓魚兒能夠順利地存活下去。
水草能夠淨化水質、製造氧氣，
所以水族瓶裡的環境就能保持潔淨，
魚兒很容易在裡面生存，
小小的玻璃容器卻有著等同於地球的生態環境。
來試試看吧！你也可以在自己家裡擺設有著可愛水草的水族瓶，
一定也會看著看著忘了時間，
受到水族瓶魅力的深深吸引。
現在就來瞧瞧令人捨不得移開目光的水族瓶世界吧！

田畑哲生

目錄
CONTENTS

第二章 水族瓶的製作方法
HOW to MAKE BOTTLIUM

其他 OTHERS

※「BOTTLIUM」是由「Bottle」（瓶罐）＋「Aquarium」（水族）兩個字組合而成。只需利用瓶罐杯碗這類的小型容器，加入水草、魚蝦等生物，就能創造出自給自足的迷你水世界，是一種入門者也能簡單上手的新型態水族缸。

BOTTLIUM STYLE

第一章
各種風格
的水族瓶

靜靜置於桌上的水族瓶，
簡單的存在就能讓周圍的人們展露笑容，
這就是水草所散發出的可愛能量。
閃亮迷人的水，還有優雅游來游去的水中生物，
水族瓶融入了生活中各種不同的場景，
讓人們的表情不由得放鬆微笑。
想像一下有水族瓶存在的空間，
會讓你的生活獲得怎樣的改變。

※ 製作難易度的標示，最難是★★★★★，最簡單是★。

各種風格的水族瓶 ❶

LIVING ROOM
和式客廳
Japanese-style room

▶水草：水丁香葉底紅 / 綠苔草 / 小莎草 /
　　　　小水蘭 / 小圓葉
▶底砂：土壤 / 彩砂 / 天然石 / 五色砂礫
▶生物：白雲山 / 小型螺貝
▶其他：小樹枝 / 彈珠

與和風空間非常搭配的水族瓶。
像鮮花一樣，讓空間呈現出優雅的氣氛。

用陶瓷容器來製作，
就能創造出和風水族瓶。
容器中的世界也加入一些日本庭園的感覺。
用石頭和水草的種類、顏色的搭配，
還有化妝砂礫點綴。
只要多花點心思，
看！和風的感覺就出現了。
在溫暖的照明下，
更能夠呈現出「和」的氛圍。

point

使用餐碗製作，祕訣就像料理擺盤一樣，要呈現出「美味可口」的感覺！

慎重挑選容器的形狀、顏色、感覺等，就可以創造出好的作品。

陶瓷碗水族瓶不同於玻璃容器，從上方觀賞的感覺非常重要。嘗試製作出從上方看下去能夠展現水草之美的作品。

和風餐碗很適合使用五色砂礫。

製作時間：**20** 分鐘。
難易度：★★
注意事項：因為水量不多，很容易蒸發，所以要勤於加水。
水草如果長出水面，會呈現出另一種風情。

各種風格的水族瓶 ❷

LIVING ROOM
西式客廳
Western-style room

▶水草：小柳／越南百葉／水丁香葉底紅／中柳／
　　　　青葉草／小圓葉／小莎草
▶底砂：土壤／彩砂／天然石
▶生物：扁卷螺／白雲山
▶其他：小樹枝／彈珠

小小的水族瓶
讓西式客廳整個活潑起來。

將水族瓶輕輕擺到桌上的那天，
整個空間彷彿注入了新的生命。
和鮮花擺設比起來，是另一種不同的存在，
桌子形成了一個療癒的空間，
水草鮮嫩的綠意溫柔地包覆著我們的心。
家人回來，會露出怎樣的表情呢？
應該會很驚訝吧！
因為這個水族瓶，家裡又多出一個休憩談心的天地。

point

化妝砂礫和石頭的搭配是一大重點。前景採用清爽顏色的化妝砂礫，可以消除沉重的感覺。

淺綠色的水草種在中央，和藍色的彩砂搭配起來，映出一幅清爽怡人的水景。

化妝砂礫除了淺藍色外，還混合同色系的深藍，再加上一些粉紅色，表現出水的層次與柔軟。

大石頭不要放中間，佈置在左右兩旁比較不會有壓迫感。

製作時間：90 分鐘　難易度：★★★
注意事項：每週一定要換一次水，水族瓶才能永保美麗。玻璃蓋子容易摔破，拿取時要小心。

WINDOW
窗邊

▶水草：菊花草 / 小圓葉 / 越南百葉
▶底砂：各種彩砂
▶生物：小型螺貝

讓水草的綠意顯得更美。
窗邊的水族瓶，閃閃發光。

窗戶邊整排的水族瓶，
一個個擁有各自不同的世界。
明亮的光線，
讓我們看清楚水草原本美麗的顏色。
雖然水族瓶很怕陽光直曬，
卻又非常適合放在這，
光線讓瓶子裡的水顯得更耀眼。
看著靜靜排列在窗邊的水族瓶，
你的心中一定也很雀躍吧！

point

用同一種容器製作，可以賦與不同主題。

紅色系的砂礫和同樣色系的水草非常搭配，再用綠色水草加以點綴。

樹枝扮演水族缸裡所謂「流木」的角色。只要搭配得好，氣氛就完全不同。

藍色砂礫很有「夏天」的氣息，將幾種砂礫混合使用，可以創造出清爽的感覺。

製作時間：20 分鐘　　難易度：★
注意事項：牛奶瓶的容量很小，要勤於換水，2、3 天就要換一次。

各種風格的水族瓶 ❹

RACK
展示架

▶水草：血心蘭 / 小圓葉 / 小竹葉

▶底砂：彩砂

▶生物：無

▶其他：壓克力冰塊

展示在架上的各種雜貨，
其中有一樣閃閃發光的物品。

架子上、櫃子裡，
只要擺個水族瓶，整個氣氛都華麗了起來，
如果能有和周邊擺設搭配的照明就更好了。
挑選容器的形狀和砂礫的顏色，
搭配整體空間設計所創造出的水族瓶，
家中又多了一個講究品味的場所。

使用紅色系水草統
一整體氣氛。

point
讓水族瓶呈現紅酒
的樣貌，所以特別
選擇紅色系搭配！

壓克力冰塊的透明
感更高。

使用紅色系的砂礫
營造紅酒的感覺。

製作時間：20 分鐘　難易度：★★
注意事項：要記得勤於換水，而且這個容器太
小，不太有辦法養魚。

水草的祕密

水草是非常美妙的植物,即使種植在小型容器裡,簡單的造型就能做出帶有十足美感的水族瓶,絕大部分的人應該都無法想像一株看來小小又不起眼的水草,其實渾身上下充滿魅力,真正了解關於水草的小祕密之後,你一定也會對它的不可思議感到驚訝,接著就來了解一下其中的奧妙吧!

使用小圓葉水中葉(變成紅色水草)的水族瓶。

「水草」指的就是水中的植物嗎!?

不是,並非全部水草都是水中植物。市面上所謂水草,有 90% 以上在陸地也能生長,所以將水草定義為「水邊的植物」會更恰當。因為生長在水邊,依照不同的季節,雨多時水量增加,日照多水量減少,這樣的環境下就不可能因為「水太少而枯死,水太多而在水裡爛掉」。

水多了整個淹到水裡,水草便會順應環境,將自身的葉子變成能在水中存活的「水中葉」(沉水葉),由水來支撐整株植物,不需要強韌的細胞,所以整體的莖和葉會變得較為柔軟。

反過來說,原本以水中葉型態生長的水草,若是遇到水深減少,葉子必須曝露在空氣中的時候,就會變化成和水中葉細胞組成完全不同的「水上葉」(挺水葉),呈現出不畏風雨的強韌姿態。水草這種植物真的很神奇吧?

有很多水草生長在水中與露出水面時,葉子的形狀和顏色會變得不一樣,這也是另一個讓人覺得

小圓葉的水上葉和花。

驚奇的地方。看照片就可以很清楚明白，露出水面的時候，水草還會長出可愛的小花喔！

「水草」只是為了當漂亮的佈景而已嗎？

「如果不養水草的話看起來很無聊……」大部分的人在缸裡養水草，大概都是因為這個考量，這也的確是養水草的理由之一。不過養水草還有更重要的意義，那就是「淨化水質」。很多人以為「缸裡養水草髒得比較快」，所以對水草敬而遠之，這是真的嗎？

實驗一下就會知道，養了水草的缸和完全沒有水草的缸相較之下，沒有養水草長苔積垢的速度比較快，養了水草的缸髒的速度明顯比較慢，因為水草會吸收那些讓苔蘚長出來的東西做為養分。不論水草也好，我們視為髒污的苔蘚也好，其實吸收的養分都一樣，魚蝦的糞便或是吃剩的餌食都有助於它們生長。如果缸裡沒有水草，苔蘚就能吸收全部的養分，自然髒得比較快。

同時，水草的生長也有助於水中環境的淨化，因為光合作用產生的氧氣能夠提升水質。扎根於沙中的水草，根部也會排放出氧氣，讓淨化水質的微生物（細菌）更為活躍。

在缸裡養水草絕對有助於水質改善，而水族瓶裡的水草也有這樣的作用。因此，即使不打氣也沒用濾網，水族瓶裡的水也不會因此渾濁或發臭，這就是水草展現出的強大力量。

CHILD'S ROOM
小孩房

第一次接觸的 「活的生命」 就是水族瓶。

「啊！吃了吃了！」
孩子們好開心。
水族瓶裡的長尾鬥魚，
大口吃著孩子給的飼料。
「還想再吃一點嗎？」
和小魚之間對話。
「水草很努力吐出氧氣，
所以水才會這麼清澈漂亮喔！」
「這樣啊～水草先生請加油～」
讓人會心一笑的親子對話。
這是水族瓶帶給我們，
千金不換的一段寶貴時光。

▶水草：針葉皇冠草 / 黃松尾 /
　　　　水羅蘭 / 黃金錢草
▶底砂：土壤 / 河砂
▶生物：長尾鬥魚

各種風格的水族瓶 ⑥

KITCHEN
廚房

主婦獨佔的空間，
就是廚房。
一邊欣賞水族瓶
一邊炒菜煮飯，
真開心。

廚房的吧台，
是非常適合擺設水族瓶的地方，
煮菜時一眼望過去，
水草的綠意讓心情平靜了下來。
魚兒快樂地游來游去，真可愛。
「魚兒肚子餓了嗎？」
一邊調配著晚餐，心裡這樣想著。
每天自然地生活在一起，
享受著一小段悠閒的時光。

▶水草：菊花草 / 青葉草 / 薄荷草 / 水羅蘭
▶底砂：土壤 / 彩砂 / 天然石
▶生物：白雲山 / 黑殼蝦 / 小型螺貝

水草圖鑑

「水族瓶使用的水草有哪些種類呢？」
市面上的水草其實有好幾百種，實在是不曉得哪些適合養在水族瓶裡。有鑑於此，阿哲老師挑選出最適合水族瓶的水草。大家可以參考這裡的水草圖鑑，讓自己的水族瓶變得多姿多采。

菊花草
Cabomba caroliniana

分佈／巴西、北美洲

特徵

和松葉感覺很類似的水草，深綠的葉子是魅力所在。小型的水族瓶裡只要種上一株，就很有存在感。最適合拿來營造「和風」感覺的作品。

四輪水蘊草
Egeria densa

分佈／南美洲等地

特徵

就是大家都知道，用顯微鏡拿來觀察細胞壁的「水蘊草」，市面上也泛稱為「金魚藻」的一種水草。帶著透明感的綠葉在水面飄啊飄，更增添了魅力，和菊花草一樣是很容易買到的水草。

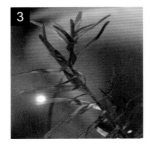

小圓葉
Rotala rotundifolia

分佈／日本、東南亞

特徵

葉子的顏色會隨著環境轉換成紅色或綠色，是相當有趣的水草。這種水草很細瘦，相當適合水族瓶，若想要營造出秋冬的氣氛，是不可或缺的一員。

小水蘭
Vallisneria spiralis

分佈／全世界

特徵

非常清爽的水草，帶狀的葉子是它的特色。強韌又好搭配，繁殖力也相當旺盛，子株以走莖繁殖的方式不斷增加。水族瓶採用小水蘭做為背景設計的話，會顯得相當出挑。

5

翡翠莫絲
Fontinalis antipyretica

分佈／歐洲、亞洲、北美洲、
北非

特徵

一種強韌的苔蘚，多半生長
在表面粗糙的岩石或流木
上。也可以種植在細碎的砂
礫上。

6

青葉草
Hygrophila polysperma

分佈／印度、東南亞

特徵

青葉草是有莖的水草，也
就是「有莖草」中最具代
表性的品種。不論長短，
佈置起來都很好看，是非
常重要的水草。翠綠的顏
色散發出清爽氣息。

7

小莎草
Eleocharis acicularis

分佈／全世界

特徵

擁有像髮絲一樣纖細葉子
的水草。這麼纖細的葉子
可以創造出緻密而有深度
的作品，尤其是種植在石
頭中間更有氣氛。

8

小竹葉
Heteranthera zosterifolia

分佈／南美洲

特徵

呈現匍匐狀的小竹葉，適
合用於水族瓶的前景～中
景。若是莖葉受傷容易變
黑，拿取時需小心。

9

寶塔
Limnophila sessiliflora

分佈／日本、東南亞

特徵

美麗的翠綠色水草，有著
繁密生長的細長葉子。
強韌又好搭配，剪短了可
以做為前景使用，非常漂
亮。

針葉皇冠草
Echinodorus tenellus

分佈／北美洲、南美洲

特徵
特色是呈放射狀擴散的細長葉子，適合用於前景的水草，繁殖力也強，子株會以走莖繁殖方式不斷增加，尤其是種植在石頭中間更有氣氛。

水丁香葉底紅
Ludwigia palustris X repens

分佈／歐洲、南亞、北美洲

特徵
擁有披針形葉子的美麗水草。葉子顏色會改變，從翠綠到橘色都有可能，充滿驚奇，佈置上適合中景～後景。

水羅蘭
Hygrophila difformis

分佈／東南亞

特徵
鋸齒狀的翠綠色葉子，是讓人印象深刻的強韌水草。單單一株就很有存在感，可以直接做為水族瓶作品的主角，不管是和風或西式的佈置都可以使用搭配。

珍珠草
Hemianthus micranthemoides

分佈／中非、北美洲

特徵
漂亮又惹人憐愛的綠色小型水草，雖然莖葉很細，但十分強韌。可以好幾株種在一起，營造茂密的感覺，簡單佈置出搶眼的水族瓶作品。剪短後也可用於前景佈置。

越南水芹
Ceratopteris thalictroides

分佈／越南

特徵
清爽的鋸齒狀葉子，是強韌的蕨類水草，就算只剪一段葉子種下去也可以活，屬於生命力非常旺盛的種類。是能夠讓水族瓶作品展現清涼感，很好搭配的水草。

15

越南百葉
Rotala sp.

分佈／東南亞

特徵

葉型尖細、纖細而美麗的水草。葉子顏色是綠中帶黃，有時會因環境而變成粉色，種植在大型葉片的水草旁邊，能夠烘托出水族瓶作品的細緻。

16

17

18

19

血心蘭
Alternanthera reineckii

分佈／南美洲

特徵

整株紅通通就是這種水草的特色。紅色水草多半很纖細，血心蘭在其中算是比較好養的品種，種在水族瓶最顯眼的地方，能夠讓作品更引人注目。

香香草
Hydrocotyle leucocephala

分佈／巴西

特徵

斜向伸展的姿態配上可愛的圓形葉片，是繖形科的水草，節節生根是它的特色之一。前景～後景都可以使用。

小柳
Hygrophila angustifolia

分佈／東南亞、南美洲

特徵

擁有像柳樹一樣細長葉子的水草，用於水族瓶的背景，能創造出印象清爽柔和的作品。是一種強韌又好養的水草。

黃金錢草
Lysimachia nummularia

分佈／（改良品種）

特徵

帶一點黃色的圓形葉子，是一種可愛的水草。長得很慢，也很好搭配，適合用於前景～中景的佈置。

ENTRANCE
大門口

▶水草：水丁香葉底紅 / 針葉皇冠草

▶底砂：土壤 / 彩砂 / 五色砂礫

▶生物：小型螺貝

瞬間之美！
迎接重要的客人，
一眼就吸引住大家目光的美麗水族瓶。

放在大門口的水族瓶，迎接重要客人的到來。

雖然不是一整天都放在外面，必要的時候擺一下，水族瓶也會很開心。

因為想聽到來訪客人說一句：「哇，佈置得好漂亮喔！」

所以選用看起來惹人憐愛的水草。

小小的水族瓶就能讓客人的心情放鬆下來。

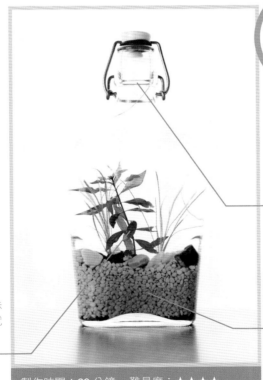

point !

小瓶口難種植，適合高段玩家製作。

因為瓶子開口很小，種植頗為困難，所以要使用長鑷子快速植入。

底砂厚度至少要5公分，太薄的話水草會抓不住漂走。

綠色水草中，有1株顯眼的紅色水草，這就是引人注目的焦點。

製作時間：60分鐘　難易度：★★★★
注意事項：小瓶口的容器因為水面和空氣接觸的部分少，水質容易劣化，所以必須勤於換水（一週一次）。

TABLE
餐桌

點綴餐桌的水族瓶，
讓吃飯時間變得更愉快。

吃飯就是要開開心心的，
大家都這樣想吧？
桌上擺個水族瓶，
讓一家人的對話也活絡了起來。
「咦？蝦子好像吃了什麼！」
「啊！真的耶！」
彷彿可以聽到這樣的對話。
大家欣賞著水族瓶，
快樂地歡聚一堂。
擺了水族瓶的餐桌，
真的很不錯！

▶水草：菊花草 / 黃松尾 /
　　　小圓葉 / 水丁香葉底紅 /
　　　針葉皇冠草
▶底砂：土壤 / 五色砂礫 / 碎石塊
▶生物：寶蓮燈魚 / 大和米蝦 /
　　　小型螺貝

point
球狀的水族瓶很難
佈置。做出一條貫
穿的界線劃分區塊
後，佈置起來會比
較簡單。

用碎石塊清楚鋪出
中央的「道路」界
線。

「道路」使用五色砂
礫和其他的區域做
出區隔，盡量不要
種植多餘的水草。

森林的部分種植一
些茂盛的水草。

畫出一條清楚的「道
路」，讓球狀容器的中
央變得寬廣起來。

point
兩旁是水草森林，
中間是道路，這樣
的空間區隔十分重
要。

製作時間：120 分鐘　難易度：★★★★
注意事項：在水草長得太長前進行修剪。因為瓶口
很寬，每天水分都會蒸發，要記得勤於加水。

各種風格的水族瓶 ❾

LIGHTING
照明

▶ 水草：菊花草 / 水羅蘭 / 小圓葉 / 青葉草
▶ 底砂：土壤 / 天然石
▶ 生物：黃金白雲山

燈泡色的光線營造出溫馨氣氛，
賦與水面溫度的照明魔法。

帶有和風感覺的溫暖光線。
佈置成日式風格的水族瓶，
和這樣燈泡色光線非常相合。
用溫度的光線呈現出光影變化，
充滿溫馨的水族瓶，
就是「照明」所展現出的魔法，
看著看著心情也平靜放鬆了下來。

point !

可以試著模仿日本
庭園做做看！

淺綠色鋸齒狀的水羅
蘭有著畫龍點睛的作
用。

石塊周圍茂密地覆
蓋水草，讓作品顯
得厚實。

化妝砂礫使用細顆
粒的五色砂礫，是營
造日式風格的必備
材料。

深綠色的菊花草很
適合演繹和風感覺
的作品。

製作時間：60分鐘　難易度：★★★
注意事項：水量本來就不多，會因為蒸發等原因更
快減少，要勤於加水。

各種風格的水族瓶 ⑩

CAFE
咖啡廳

▶水草：黃松尾 / 青葉草 / 印度百葉 / 翡翠莫絲
▶底砂：土壤 / 彩砂 / 玻璃砂 / 五色砂礫
▶生物：白雲山 / 石蜑螺

炎熱的夏日，
桌上裝飾著海邊感覺的水族瓶，
心情也涼爽了起來。

「好好玩耶，三個世界互相呼應……」
目光落在桌上的客人這麼說，
就這樣坐在椅子上欣賞起來。
「感覺好涼快喔～像是來到夏天的海邊一樣！」
這是在夏天時搭配季節的擺設，
看來已經抓住了客人的心。
「喜歡就慢慢欣賞吧！」
店員也很開心。
水族瓶能夠改變整家店的氛圍。

point !

三個容器為一組的
作品，製作時要想
辦法呈現一體的感
覺。

較小的容器可以密植纖
細葉片的水草。空間不
大又要種好幾株水草，
必須特別仔細小心。

大概只能養1隻白
雲山。

做為堤防的小石
頭，扮演重要的
角色，穩固並安
定整件作品。

藍色的彩砂上撒一
些藍色的玻璃砂，
營造出海的感覺。

製作時間：90分鐘　難易度：★★★
注意事項：要定期修剪水草，也要勤加水，不要讓容器裡的水
蒸發過多。

各種風格的水族瓶 ⑪

COUNTER
櫃檯

▶水草：中柳 / 青葉草 / 針葉皇冠草 / 小圓葉 /
　　　　水羅蘭 / 翡翠莫絲 / 寶塔
▶底砂：土壤 / 彩砂
▶石頭：天然石 / 碎石塊
▶生物：白色長尾鬥魚 / 小型螺貝

雜貨店的收銀櫃檯前，
客人和店長都笑容滿面。

很有氣氛的雜貨店。

客人和店長在收銀櫃檯前開心地不知聊些什麼。

「好漂亮的魚喔！」

「是啊！這叫長尾鬥魚，這種魚啊⋯⋯」

像這樣的對話，頓時就能拉近和客人之間的距離。

那邊的客人也開口問：「你看！那是什麼啊？」

應該是剛剛就注意了吧！

小小的水族瓶彷彿店員一樣，

非常認真地做著自己的工作（笑）。

point !

重點在於「前景要
低，後景要高」。

種植大量水草營造
出茂密的綠意。葉子
種類與高度的均衡
調配非常重要。

白色長尾鬥魚需要
寬廣的游動空間。

彩砂是呈現瓶中世
界樣貌的重要材料。
必須依照店內設計
與照明搭配。

製作時間：120 分鐘

難易度：★★★★

（瓶身較廣、開口較窄會較難製作）

注意事項：不要讓水草長得太長，要時常
修剪。換水大約一週一次。

各種風格的水族瓶 ⑫

OFFICE
辦公室

▶水草：寶塔 / 菊花草 / 小莎草 / 越南水芹 / 印度百葉 / 青葉草 / 血心蘭 / 小柳 / 越南百葉
▶底砂：土壤 / 彩砂 / 天然石
▶生物：長尾鬥魚（龍鱗）/ 小型螺貝

這裡是辦公大樓的門面櫃檯。
「水族瓶」讓櫃檯前的對話活潑了起來。

自從水族瓶擺到櫃檯之後，
櫃檯服務人員不知為何也充滿了活力。
接待客人時自然會露出笑容。
來客要是問：
「這是什麼？好漂亮啊～裡面有魚嗎？」
就會稍帶得意地說明：
「是的，沒錯，這叫作水族瓶！
靠水草就會讓水變得乾淨漂亮喔！」
這就是水族瓶存在感的力量。
現在已經成為櫃檯不可或缺的一員。

point !

縱高較長的容器在佈置時要凸顯立體感。

使用有高度的容器，可以養一些會長到水面的水草，這樣才不會浪費空間。

因為養了鬥魚，所以搭配一些葉子纖細而蓬鬆的水草。

多用幾塊石頭堆成斜坡，土壤也會被推高起來，呈現出立體感。

製作時間：120 分鐘
難易度：★★★
注意事項：原本是做為飲水機的容器，只要打開出水口就能輕鬆換水，非常方便。

直擊！
用水族瓶精心佈置的
婚禮現場

「從來沒有參加過這樣的婚禮！」
這是人生中最幸福的一天，
新人們想用迷你水族瓶取代鮮花或小遊戲，
感謝所有到場來賓見證屬於他們的重要時刻。
這場婚禮不只有吃吃喝喝，
因為多了水族瓶的小橋段，
讓新人跟親友間的互動變得更有趣。

· ·

「哇！桌上有魚在裡面游耶～」進到婚宴會場的來賓們，異口同聲地發出驚嘆聲，一桌8人的圓形餐桌中央，擺的正是迷你水族瓶，而且每桌放的水族瓶設計感都不一樣。在等待婚宴開始之前，大家目不轉睛地欣賞著。接著，婚禮就要開始了。

沒多久來到新娘換裝的時間，這時的水族瓶被繫上大大的氣球，一下變身成「水族氣球瓶」！換好衣服的新郎新娘第二次入場，這時候新郎手上拿著玻璃水壺，旁邊的新娘手上則拿著一支白色的棒子，他們到底要做什麼呢？會場內的氣氛變得有點不一樣了。

只看到新郎依序走到每一桌，用手裡的水壺幫桌上的水族瓶加水，沒想到水族瓶居然發出七彩的光線。好奇妙喔！加水之後瓶內的 LED 燈就跟著發光了，而且還伴隨燈光冒出乾冰的白煙，在白煙中閃爍著七彩光芒的水族瓶超級漂亮！

「好厲害喔，好美！」大家都非常驚訝，這時候水族瓶上的氣球突然飄起來。「哇～氣球飄起來了！」接著新娘馬上用手中的棒子把氣球刺破。「砰！」大氣球被刺破之後，飄出好多好多心型的小氣球。「原來如此！」現場所有來賓都笑得好開心。「真精采～從沒參加過這麼有趣的婚禮。」

因為精心佈置的水族瓶，讓婚宴現場充滿一種從未有過的喜悅氣氛，新郎新娘兩人滿心歡喜的臉上掛著滿滿笑容，更讓人印象深刻。「一定要幸福喔！」在場來賓都為新人獻上滿滿的祝福。

總有一天想挑戰看看

水草藝術缸

水草藝術家
所創造出的水草藝術世界

也許之前從沒聽過水草藝術,但世上真的存在一眼就能奪走你全部心神的美麗作品。阿哲老師所創造的,便是如此纖細又浩瀚的空間。追求水缸的呈現、外觀、設計概念三者完全相合的目標,設計出專屬於「水草藝術家」的獨特美感。接著就來看看這些彷彿名畫一般的藝術品吧!

| 和心～櫻樂庭～ |

（創作於 2010 年春季）

是第 28 屆「日本觀賞魚博覽會」中，水族缸展示比賽的綜合優勝作品，以「春、櫻、和」為主題，使出渾身解數創作的水族缸作品。在種滿水草的日本庭園中游來游去的櫻花金魚，就連國外媒體也給予很高的評價。

| 給光輝的古都 |

（創作於 2012 年春季）

為奈良縣製作、展現在地風情的水族缸作品。整體作品是一個 120 公分正方形的水族缸，以奈良法隆寺為主題創作，可從前後左右任意觀賞，散發出吸引群眾目光的魅力。

| 大阪櫻樂庭 |

（創作於 2013 年春季）

在大阪舉辦的亞洲最大寵物展「日本寵物博覽會 2013」展出的作品。在水族缸展示比賽中榮獲優勝（金牌），被視為日本第一的作品。以三年前「和心～櫻樂庭～」為基礎加以改造，讓人能深入體會更豐富的和風之心。當時會場參觀人潮絡繹不絕，看到的人都覺得非常驚喜也深受感動。

富士的國度～三保松原 羽衣之舞～

（創作於 2013 年）

使用長 2 公尺、寬 90 公分的特大水缸，以靜岡縣、富士山、三保松原等地區為主題創造出的作品。壯麗的世界遺產富士山作為背景展現的「羽衣傳說」，採用「水盾草」（也就是羽衣藻）佈置出的三保松原，還有紅白花紋的魚兒為了慶祝富士山列入世界遺產在一旁歡欣舞蹈，是件被媒體爭相報導的絕景作品。

意想不到！
原來水族瓶也能
療癒人心

「我第一次發現原來有這樣美麗的世界！」

這是一名癌症病友與水族瓶相遇的真實故事，
在身體最脆弱、最無助的時刻，
透過這個水中小宇宙，
為她的人生帶來意想不到的全新變化，
連她自己都感到非常驚訝，
我也因此備感榮幸。
希望這份簡單的感動，
也能療癒並且溫暖每個人的心。

某天，我遇到一名看起來精明幹練的就業諮詢顧問。「這就是我在做的工作！」我主動向她介紹我的水草作品。她聽了之後非常感動地說：「我第一次發現原來有這樣美麗的世界！」後來又有機會碰面，閒聊之下我大吃一驚。「其實我得了癌症，工作的時候還好，但是回到家真的感覺很痛苦，每星期還要去接受化療。」看她精神充沛的樣子，實在是無法想像，我受到很大的衝擊。

「真希望在家裡能有什麼可以讓我開心的玩意兒，水草好漂亮喔，我也佈置得出來嗎？」如果要養水族缸的話實在太過麻煩，所以我推薦了水族瓶，她馬上就到我開的水草專賣店製作水族瓶。

從挑選自己喜歡的砂礫和水草開始，親手一步步琢磨設計出的水族瓶，當燈光一打在瓶身上，看著美麗的水草和球狀容器裡的水光，當場流下感動的淚水。「光是看著這個水族瓶，我覺得身體都好了起來，免疫力也增強不少。阿哲老師，實在非常感謝您！」當時的我很慶幸自己選擇了這份工作，透過水草竟然可以幫助人，心中的喜悅簡直難以形容。

這位女士後來也常常和我聊起水族瓶的變化，自己是怎樣照顧、又是如何地喜愛這件作品。過了半年後，她開始幫水族瓶變花樣、更換魚的種類、嘗試用自己的方法再設計出好幾款新型水族瓶，很享受有水族瓶的生活。前陣子她把水族瓶帶來店裡整理，水草照顧得非常好，充滿愛的水族瓶水草長得就是不一樣，真的非常奇妙。託她的福，我也因此心情柔和了起來，心中充滿感謝。

如果把水族瓶裝飾在你家裡，又會發生怎樣的故事呢？若是這麼一個小小水族瓶也能夠讓你感覺幸福又開心的話，那就太棒了！這麼神奇的療癒效果，希望你也能親自體會看看。

第二章

水族瓶的
製作方法

好！來製作水族瓶吧！
「該怎麼開始呢？」
心中充滿了期待與不安。
不用擔心，阿哲老師在這裡一一解說給你聽。
照著步驟一項一項小心完成就可以了。
製作出來專屬自己的作品一定可愛到不行，深深療癒你的心！
就讓我們開始吧！

必備的
材料與用具

這裡介紹的是製作水族瓶必備的材料與用具。除了部分物品例如水草和底砂用土壤之外，其他都不是什麼專門的高價材料或用品，可以使用家中現有的用具，輕鬆愉快地製作水族瓶。請參考以下清單來進行水族瓶製作的準備喔！

【水族瓶的材料】

1 土壤
專門為了種植水草和養魚而發明生產的「水族用土」。沒有這項材料便無法製作水族瓶。

2 瓶子
玻璃罐（密封罐）等日常使用的容器均可。

3 魚蝦和螺貝類
水族瓶完成後可以養魚或螺，尤其螺貝類會吃掉水中的苔蘚和浮末，積極扮演清道夫的角色。

4 小石頭
佈置水族瓶時非常重要的裝飾，多準備幾個可以讓作品的完成度更高。

5 小片流木
只要一般市面販賣流木的「碎片」即可，安置於小石頭的縫隙間，就能散發出自然的美感。

6 小樹枝
作品佈置到最後可以在水草的縫隙間插上一些小樹枝增添氣氛。必須使用完全乾燥容易脆斷的樹枝。

7 化妝砂礫
沒種水草的地方可以鋪上彩色的「化妝砂礫」。這是能讓水族瓶改頭換面的魔法材料。

8 水草
水族瓶的主角就是水草，所以當然不可或缺。請準備沒有傷痕、活力滿滿的水草。

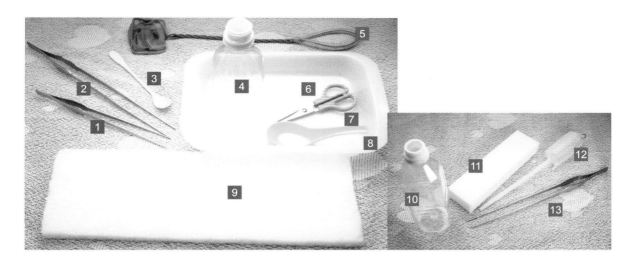

【製作用具】

1 水草專用的鑷子
（短的，普通筷子尺寸）

種植水草必備用具。水草專用的鑷子擁有握柄柔軟、前端尖細等特性。除了種植水草之外，還可用於夾取砂礫，或是想要在開口較小的水族瓶裡佈置石頭時使用，是很方便的工具。

2 水草專用的鑷子
（長的，料理用長筷尺寸）

阿哲老師非常愛用的長鑷子。使用較深的瓶子製作水族瓶時，是很方便的工具。鑷子準備長、短兩種不同尺寸，製作起來簡單又容易。想要嘗試正統魚水族缸佈置，需要進行緻密水草種植的人，一定要擁有這兩樣工具。

3 湯匙

鋪設彩砂等化妝砂礫時使用的工具。長柄湯匙用起來特別方便。

4 寶特瓶

用來裝水倒入水族瓶內，換水的時候使用起來也很方便。

5 撈魚網

撈魚網有很多種類，水族瓶製作使用 5 公分大小、四方形的小魚網比較方便。不只是撈魚，還可以撈出枯葉或是不小心倒太多的飼料。

6 剪刀

不需特別購買水族專用的剪刀，不過拿來製作水族瓶的剪刀就不要用在其他地方了。使用後要擦乾，免得生鏽。

7 調羹

將砂礫或土壤倒入水族瓶的工具。不管是大小或順手程度，都是最適合水族瓶的必備工具。

8 托盤

不管是水族瓶的製作或整理換水，在托盤上進行就不會弄得到處髒兮兮，可以準備 2 ～ 3 個。

9 過濾棉

將水倒入水族瓶時必備的方便道具，可以剪成適當的大小。這是水族缸用來當作過濾器使用的過濾棉。

【整理用具】

10 寶特瓶

可以裝自來水，用於換水或加水的必備用具。只要把礦泉水或是瓶裝茶的寶特瓶洗乾淨就可以拿來用，不需多花錢買。

11 科技海綿

近年來相當熱門且方便的生活清潔用品。也有很多人用於水族瓶的清潔，拿來清潔瓶子內側玻璃的苔蘚非常夠力。

12 滴管

其實原本是用於煤油燈的吸油滴管。乾淨全新的滴管拿來吸水族瓶裡的水或是水中的髒污都很方便。

13 鑷子

清潔的時候可以把切小塊的科技泡綿插在鑷子尖端，玻璃瓶就能擦得很乾淨。是一種萬用的工具。

水族瓶的製作方法 ❶
用小玻璃瓶製作

第一次製作水族瓶，可以挑一個小型的玻璃瓶開始嘗試。
「這樣我應該也可以吧！」沒錯！不用著急，仔細按照步驟一步一步慢慢來吧！

▶ **水草**：菊花草 / 小圓葉 / 青葉草
▶ **底砂**：土壤 / 彩砂（黃色、綠色）/ 玻璃砂（綠色）/ 小石頭
▶ **生物**：無
▶ **容器**：小玻璃瓶（約 200 毫升）

1 放入土壤
瓶內用調羹舀入少量土壤（水草用土）。土壤含有水草所需的養分，同時又具有活性炭的作用，可以淨化水質。大約鋪 5 公釐厚，瓶底薄薄一層即可。

2 放入彩砂
土壤上方鋪上彩砂。先鋪粉彩調性的綠色彩砂，約 1.5 公分厚，再鋪上黃色彩砂，使用黃綠搭配出柔和的色彩。黃色部分大約是 2 公分厚。如果彩砂放得太少，水草容易東倒西歪，需要注意。

3 挑選與佈置裝飾的石頭

單只有黃色有些無趣，加上一些裝飾的小石頭，質感就會提升。可以挑選自己喜歡的小石頭，用鑷子細心佈置。石頭顏色要怎麼搭配、位置怎麼擺比較好，可以慢慢嘗試。決定了之後再用鑷子把石頭輕壓進砂中固定。

4 撒上玻璃砂

再撒上一些綠色的玻璃砂。因為底下鋪了綠色彩砂，所以用同樣的色系呼應。小石頭擺放的位置和當作化妝砂的綠色玻璃砂，營造出典雅的氛圍！

point !

撒上玻璃砂後，用噴瓶噴水幾下浸濕，濕了之後彩砂才不會跟著漂起來。

5 在瓶中放置過濾棉

將過濾棉剪成適合的大小置於砂石上方，這樣水加進去才不會破壞辛苦佈置好的成果。過濾棉在此扮演的角色非常重要。

6 慢慢加水

使用茶壺之類的器具，對準過濾棉慢慢加入清水，不要一下子倒得太猛。加水後水面會浮出一些膜樣的浮末，這是砂礫的小碎屑，會造成水質渾濁髒污，所以水要加到溢出來，將浮末排出瓶中後再停止。

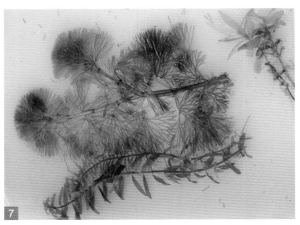

7 準備水草

使用的水草是菊花草、小圓葉和青葉草 3 種。平放在托盤上，浸水保溼。

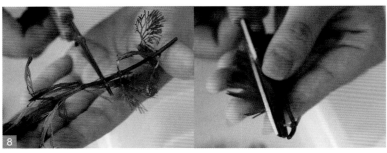

8 修剪菊花草

因為菊花草很長，所以要剪掉下面的部分。在節點（連著葉子的地方）下方 1 公分左右下刀。基本上要將 2 個節點的長度種進砂中，所以這 2 個節點連著的葉子也要剪掉。修剪的方法是在節點上留下一點點葉子。

9 插入砂礫中

技巧在於鑷子緊貼著水草夾住，兩者靠得越近種起來越方便。另外，鑷子要深深插進砂子裡，直到碰觸瓶子底部，再慢慢放開，抽出鑷子。

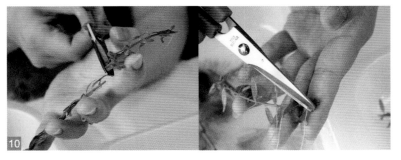

10 修剪小圓葉

小圓葉直接使用會太長，因此需要修剪。這種水草葉子小巧柔軟，不用剪去節點，可以直接種進砂礫。根部太長會不好種，所以也要剪掉。

11 用鑷子種植

種植的時候要考慮和綠色菊花草之間的平衡，紅綠配色十分美麗。然後在旁邊種一些修得短短的青葉草，讓畫面更加可愛。青葉草的翠綠讓色彩顯得更豐富。

12 最後修飾

剪一段稍長的小樹枝，小心地放進去，不要弄壞水草。最後再進行換水，慢慢加水至溢出瓶外。等到整瓶水都變得清澈之後就完成了！

水 族 瓶 的 製 作 方 法 ❷

用玻璃密封罐製作

玻璃密封罐很適合拿來製作水族瓶，不僅尺寸大小剛好，佈置起來也很順手，而且有蓋子這點更棒，可以隨時依照自己的心情變更擺放的位置。就讓我們來製作看看吧！

▶水草：越南水芹 / 菊花草 / 小圓葉 / 小莎草
▶底砂：土壤 / 彩砂（淺藍色、黃色、粉色）/ 小石頭
▶生物：白雲山 1 隻 / 黑殼蝦 2 隻 / 小型螺貝 1 隻
▶容器：玻璃密封罐（約 700 毫升）

1 放入土壤

玻璃罐洗淨，置於穩固的平台上。先用湯匙放入土壤。這裡使用的土壤是由天然土壤高溫處理硬化，所以比一般的泥土硬，但質感類似，是種植水草專用的加工土。

2 將土壤堆出斜坡

土壤份量大約和照片差不多，堆出一個斜坡。前景約 1~2 公分厚，後景則是約 5 公分厚。堆好以後準備佈置用的小石頭，約 5 公分大小的石頭起來最適合。可以依照自己的喜好任意挑選。

3 佈置石頭

基本上石頭的數量以奇數為主,只要佈置取得平衡,就能像照片中一樣營造出立體感。前景的 2 顆石頭置於斜坡固定,防止坡面崩壞,也能凸顯高處石頭的存在感。

4 放入彩砂

接下來準備好彩砂。全部採用粉彩色調的彩砂,混合後使用起來就不會有不協調的感覺。按照心中呈現的畫面,用湯匙小心鋪上彩砂佈置。首先是淺藍色的彩砂。

5 使用多種顏色彩砂

接下來在上面鋪上粉色彩砂,然後是黃色。想要簡單一點的話,只用一個顏色也可以,不過顏色多一點,作品會感覺比較豐富。

6 用噴瓶噴濕

土壤和彩砂全部用噴瓶噴濕,免得加水後砂礫跟著漂起來。然後剪一塊過濾棉蓋上去,這樣把水加進去才不會破壞辛苦佈置好的成果。

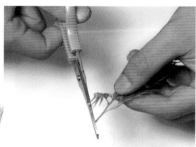

7 加水

用寶特瓶裝自來水,對準過濾棉慢慢倒入。這樣水就不會渾濁,也不會破壞佈置好的成果。接著小心取出過濾棉,有些種類的石頭可能會鉤住過濾棉,所以動作要輕慢。

8 準備水草

水草平放在托盤上,浸水保濕。這次使用了4種水草。首先將背景用的越南水芹剪成適當長度。這是水草種植前進行的「修剪」步驟。

9 種植水草

使用鑷子夾取並種植。水草和鑷子盡量貼合,鑷子盡量垂直插入,要插到尖端碰到瓶底的深度。

10 調整水草的佈置

挑3個地方種植菊花草,考量整體平衡,空出適當間隔。接下來種植小圓葉,這種水草和菊花草很搭配,穿插著十分好看。

11 種植小莎草

最後種植前景的小莎草。用鑷子夾取根部前端,輕巧地種植在石頭中間。不只能夠營造出遠近感,也能讓作品呈現的畫面柔和起來。

12 將濁水換清

種植水草的過程會讓水變得渾濁,所以最後可將玻璃罐輕輕放到托盤上,慢慢加入新的水,讓髒水溢出罐外,等整罐都換成清澈的水之後,蓋上蓋子便完成!

point !

製作好放置 2 ~ 3 天後再放入魚蝦。因為使用的是自來水,必須先放置一段時間養水,讓水族瓶系統穩定。

水族瓶的製作方法 ③

用玻璃茶杯製作

用造型可愛的玻璃茶杯，搭配水草和顏色豐富的彩砂，
就能裝飾出賞心悅目的水族瓶，桌子一下就熱鬧了起來。

▶ 水草：越南水芹 / 越南百葉 / 珍珠草
▶ 底砂：土壤 / 彩砂（綜合、粉色）/ 小石頭（白色）
▶ 生物：無
▶ 容器：玻璃茶杯（約 150 毫升）

1 準備透明的玻璃茶杯

玻璃茶杯很容易破，所以要小心拿取。首先放入少量水草用土。之後會用彩砂蓋起來，所以土壤要集中在杯底中央。

2 準備 2 種彩砂

使用 2 種彩砂。下層是綜合彩砂，上層則是粉色的彩砂。從杯子側面可以看得到杯底，所以用綜合彩砂營造出帶有普普風的感覺。

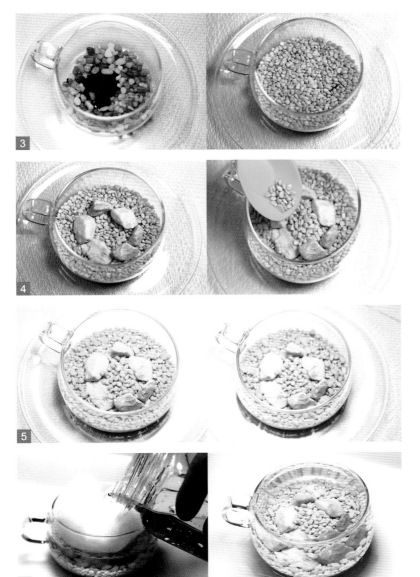

3 放入彩砂

容器內鋪一圈綜合彩砂,不要蓋到中間。接著整體鋪上一層 1 公分厚的粉色彩砂。記得將打底的土壤全部覆蓋起來。

4 佈置白色小石頭

中間用白色小石頭圍一圈,不要有任何空隙。中央再倒入一些粉色彩砂,讓水草得到足夠的支撐。

5 撒上彩砂點綴

均勻撒上一些藍色彩砂,再照個人喜好點綴一些黃色彩砂。這樣的配色可以讓水族瓶看起來更可愛。

6 加水

輕輕鋪上一塊過濾棉,慢慢倒入裝好的自來水。若是有些渾濁,可以將水加到髒水溢出,容器內的水變得清澈後再將過濾棉取出。

7 種植水草

開始種植水草。這次使用了 3 種水草，越南水芹、越南百葉和珍珠草。先種越南水芹，因為底砂不厚，所以要斜斜地種下去。

8 種植珍珠草

像是要填補外圍縫隙那樣種植珍珠草。水草本身很嬌貴纖細，所以務必輕柔小心。這裡也是採取斜斜種下的方式。最後把越南百葉種在中間就完成囉！

point !

這款水族瓶用了從側面就看得出歡樂氣氛的綜合彩砂，所以在使用這類高度不高的容器製作時，重點就要放在側面和上面（水面）呈現出來的畫面漂不漂亮。

水族瓶的製作方法 ❹

用球狀容器製作

球狀容器可以製作出獨特魅力的水族瓶，不過相對來說
難度也較高，很適合喜歡多一點細節的人挑戰。

▶ **水草：** 小柳 ／ 水羅蘭 ／ 菊花草 ／ 綠苔草 ／ 水丁香
　　　　葉底紅 ／ 越南百葉 ／ 珍珠草 ／ 香香草 ／ 小
　　　　莎草 ／ 印度百葉
▶ **底砂：** 土壤 ／ 圓形的小石頭 ／ 五色砂礫
▶ **生物：** 紅水晶蝦 3 隻
▶ **容器：** 玻璃球缸（約 2 公升）

1 放入土壤

直徑約 15 公分的球狀花瓶，大概
是兩手可以輕鬆伸進去的大小。首
先放入土壤。這次要製作的是「河
谷」，也就是中間會呈現一道像是
河流的 V 字型。

2 佈置石頭

準備一些圓形的小石頭。容器和石
頭都是圓形，整體感覺很搭配。中
間從前到後貫穿了一條河流，所以
石頭要佈置在 V 型河谷兩旁。

3 用五色砂礫鋪出「河流」

用小顆粒的五色砂礫鋪出「河流」，但是因為容器不大，更需要注意細節，用鑷子仔細擺放吧！

4 用石頭堆出堤防

兩邊的高地會種水草，所以土壤厚度要夠。「河流」兩旁的石頭外側再各堆一道小圓石做為堤防，把土壤擠得更高，更有立體感。

5 用噴瓶噴濕

接下來用噴瓶將佈置好的部分充分噴濕，土壤濕透之後佈置在上面的石頭才會穩固。接著蓋上過濾棉再慢慢加水。

6 加水

加水的時候如果發現水裡有髒污浮末等渾濁現象，可以持續加水至溢出外面，把容器裡的水換到清澈為止。這是水族瓶換水的方法，等到水質清澈後便完成。

7 準備水草

準備種植水草。托盤上預備好 10 種水草。如果要模擬大自然的環境，使用的水草種類越多，就能佈置得越自然。首先從細長葉子的小柳開始，修剪成適當長短。

8 種植小柳

種植小柳。球狀玻璃缸的邊緣土壤不夠厚所以不好種，可以沿著玻璃的弧度讓水草滑入底下。水羅蘭可以種在河岸兩旁，左右對稱畫面就會很均衡。

9 種植菊花草

菊花草同樣兩邊都要種。修剪得短一些，然後整株種到只露出上面的葉子。可以多挑幾個地方種，只要有菊花草，作品就會看起來很茂盛。

10 種植綠苔草

種植擁有翠綠色尖葉、草體纖細的綠苔草。剪得短短地種在「河流」的部分，雖然小巧但很有存在感。然後修剪水丁香葉底紅，配色的美感是一大重點。

11 種植水丁香葉底紅

在幾個不同的地方種上水丁香葉底紅，記得要選在綠色水草中間，因為搭配上中間色系可以表現出自然的感覺，石頭縫隙也是很好的種植地點。這是一種會隨著生長狀況改變顏色的水草。

12 種植越南百葉

修剪越南百葉。雖然葉子是褐色，但植入水中纖長的葉子就會散開，顯現出美麗的姿態，可以挑幾個地方種。像這種葉子纖長、屬於中間色系的水草，多半都是在大部分水草種完之後點綴。

13 種植珍珠草

珍珠草是很好用的水草。這次修剪得很短，種在「河流」部分的最前景位置，讓「河流」感覺更有氣氛。然後修剪香香草，把靠近根部的葉子剪掉。

14 種植其他點綴的水草

把香香草種在小柳旁邊，讓葉子漂到水面。再點綴一些小莎草，這是「河流」不可或缺的一種水草。最後種上一些印度百葉來裝飾。

15 放入紅水晶蝦

放入 3 隻紅水晶蝦後完成。蝦子精神飽滿地爬來爬去，看起來超可愛！清爽怡人的「河谷水族瓶」製作好囉！

point !

紅水晶蝦最好是在水族瓶製作完成 3 天後，經過一段時間的養水，讓水族瓶系統穩定再放進去，而且牠很怕熱，所以秋天到春天飼養比較適合，夏天必須養在有冷氣的地方。

水族瓶的製作方法 ❺
用餐碗製作

水族瓶不只能用玻璃容器製作，陶器也是很棒的選擇。
從容器上方欣賞水草，又是一種不同的美。

▶水草：水羅蘭 / 寶塔 / 小竹葉 / 小莎草 / 印度百
　　　葉 / 翡翠莫絲 / 血心蘭 / 水丁香葉底紅 /
　　　豹紋青葉 / 小圓葉
▶底砂：土壤 / 彩砂（天藍色、深藍色）/ 彩色沸石
　　　砂（白色、淺綠色）/ 天然石
▶生物：無
▶容器：陶瓷餐碗（約 500 毫升）

1 準備容器

準備白色的陶瓷餐碗，製作像是裝
滿沙拉那樣「好吃」感覺的水族瓶
作品。容器和照片長得不一樣也沒
關係，也可以使用蓋飯碗或湯碗的
款式。首先放入土壤。

2 放入土壤

土壤堆出斜坡，做成前景沒有水草，
只在後景種植水草的感覺。石頭的
佈置著重在劃分出陸地和水域的界
線，這條界線的好壞會影響整件作
品最後呈現的樣貌。

3 佈置石頭「造景」

將石頭佈置在前後景，凸顯畫面的遠近感，這樣的步驟稱為「造景」。完成之後就可以準備彩砂和彩色沸石砂，這次使用了 4 種顏色。

4 彩砂營造海邊氣氛

鋪上天藍色的彩砂。前景區塊佈置成海邊，天藍色的彩砂就是海水，再撒上深藍色的彩砂，營造出海水深淺的感覺。

5 鋪上彩色沸石砂

上面再灑一些白色的彩色沸石砂，就更有「水盈盈」的感覺。然後會種植水草的陸地區塊則鋪上淺綠色的彩色沸石砂，記得要鋪厚一點。

6 用噴瓶噴濕

用噴瓶將佈置好的部分充分噴濕。尤其是乾燥的彩色沸石砂加了水會隨著漂浮，所以必須先用噴瓶弄濕。接著蓋上過濾棉，慢慢加水。

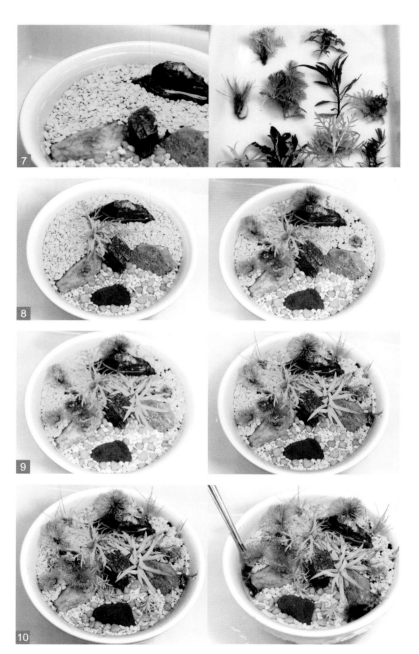

7 準備水草

小心拿掉過濾棉,這樣水族瓶的水便裝好了。終於可以種植水草了。在托盤上依照種類分開擺放,取用起來就很方便。記得在托盤上稍微倒些水,讓水草保持水分。

8 種植大株水草

種植水羅蘭,這是一種有著鋸齒狀大葉子,很有存在感的水草。先種大株的水草,接下來其他水草就比較好佈置。然後隨意在幾個縫隙間種上寶塔。

9 在石頭中間種植水草

小竹葉種在「海陸界線」的石頭和石頭中間,感覺頗為搭配。小莎草隨性點綴在容器邊緣會顯得更自然,能夠融合那些較為大葉的水草。

10 在「海水部分」種植水草

藍色海水的區域也種一點點水草。印度百葉是一種可以用在前景的可愛水草。翡翠莫絲則適合種在石頭的縫隙,深綠色有畫龍點睛的作用。

豹紋青葉

11 種植紅色系水草

把「綠色系」水草都種好之後,接下來輪到「紅色系」水草。美麗的紅色血心蘭當然要種在最顯眼的地方,萬綠叢中一點紅就是佈置的訣竅。帶著一點橘紅色的水丁香葉底紅也一樣種在綠色水草中間。

12 種植豹紋青葉

有著可愛粉色嫩芽的豹紋青葉可以種在前景,也會成為目光焦點。最後再搭配一些小圓葉,「可口」的水草造景就完成了。

挑選一些可從水面上方欣賞的水草,就能完成這件美麗的水族瓶作品。使用餐碗佈置多少會想要呈現出「美味可口」的感覺,所以這款作品中使用了非常多種類的水草。

材料圖鑑

要創造出水族瓶這個美麗的世界，除了水草之外，其他材料也是很重要的元素，
不同的選擇與組合會造就出完全不同的作品。讓我們挑選適合的材料來製作美
麗的水族瓶吧！

1 土壤

水族瓶必要的材料。是專為種植水
草而發明製造的土壤，具有長期穩
定的特性，想要佈置出能讓水草和
魚類蓬勃生長的環境，土壤的力量
非常重要。

各家水族用品製造商都有生產，不
過水族瓶專用的土壤需顆粒要細、
硬度要夠、吸附能力強等特點，只
要具備這三項特點，就是適合拿來
佈置水族瓶的土壤了。

水草專用的土壤一般都擁有一定的
肥沃度，同時能淨化水質、除臭除
色。不過，水草用土因為是將天然
土壤高溫處理硬化，時間久了顆粒會
崩解變成泥狀，所以要注意土壤的
壽命，定期換土。

2 各種彩砂

將天然石染色後製造出的砂礫。水
族瓶作品最前面沒有種水草的地方，
可以用這種「化妝砂礫」來佈置，
很方便又很漂亮。顏色豐富齊全，
也可以混色使用，創造出自己喜歡
的作品。

另外也有「彩色沸石砂」這種可以
除去水中臭味髒污的彩砂。但因為
沸石砂很輕、容易漂走，放到水裡
時要注意先讓砂礫完全濕透再佈置。

必須注意像珊瑚砂等極為「鹼性」、
會改變水中酸鹼值的砂礫，或是會
讓水質「變硬」的砂礫，都不可以
使用，大部分水草喜歡的水質是「弱
酸性的軟水」。底砂使用的量頗大，
容易影響水質，所以必須特別注意。

3 圓形石頭（川石類）

在河邊常見、稍帶一點稜角的圓形石頭。模樣很可愛，在水族瓶裡搭配幾顆，感覺就會很棒。

4 流木

即使去一般水族店或寵物店買，也要挑小片一點的才能用。放到水裡會溶出茶色的「浮末」，但只要底砂使用水草專用的土壤就可以除色了。在水族瓶裡擺上一些流木，可以營造出自然的美感。

5 天然石

稜角明顯的天然石，不管西式或和風的佈置都很適合。不同的石頭可以讓作品感覺完全不同，是值得仔細琢磨、享受挑選樂趣的材料。

6 壓克力冰塊

壓克力製的假冰塊，能夠給人清爽的感覺，最後擺上幾顆是不錯的選擇。因為重量很輕，容易滑動，所以佈置的時候不能當作石頭使用。

7 彈珠

可以佈置在水族瓶作品的前景，營造出歡樂氣氛，只要有一半埋進砂中就不會隨便滑動了。配色種類繁多，可以選擇自己喜歡的使用。

8 小樹枝

在小小的水族瓶世界裡，小樹枝也可以拿來當成流木。只要是能夠脆斷的小樹枝就代表已經乾燥了，可以拿來使用。佈置作品時，要在種好水草、進行最後修飾的階段再把小樹枝擺進去。

※ 各種材料都要用水清洗乾淨並晾乾後才能使用。
※ 最好不要使用裝飾用的珊瑚或貝殼等海洋生物，因為其中含有的鈣質溶解在水中會造成水質變化，不利水草生長。

讓水族瓶持續美麗的
維護方法

好不容易製作好的水族瓶，當然希望能長久地陪伴我們，基本上只要記住一些簡單的原則，例如擺放場所、照明、換水等，維護整理起來並不困難。參考本節的方法，一起開心愉快地享受水族瓶生活吧！

水族瓶的擺放場所

「不會直接曬到太陽的明亮場所」是最理想的地點。具體來說，像是明亮的辦公室這種有著充分照明、適合閱讀的室內就可以了。一天只要有 8 小時左右是光線明亮的環境，便能夠養水草。

也要盡量避免直接曬到太陽，只要直曬太陽約 1 小時左右，水溫就會急遽上升，造成生物死亡，尤其密閉式的水族瓶要特別注意。

關於照明器具

光線不足的房間或是日照時間太短的房間，沒辦法養活水草，因此會需要照明器具。像是立燈之類常見的照明器具，螢光燈、LED 都適用。

投射燈之類的燈泡也可以，但因為燈泡的溫度會讓水溫上升，所以要和水族瓶保持距離照射。大約 1 天 8 ～ 10 小時左右，時間太短無法行光合作用，水草會慢慢枯死。

｜ 每週換水一次的簡易方法 ｜

用 500 毫升的寶特瓶，前一天先裝半瓶水放在水族瓶旁邊。放置一晚讓氯氣揮發，而且也和水族瓶裡的水同樣溫度後，就可以安心換水。把水族瓶放到托盤上，慢慢將寶特瓶的水加進去，直到水族瓶裡的水溢出來，整個寶特瓶的水全都加進去就完成了。

｜ 水草如果長得不好 ｜

原本是綠色的水草變白、水草的顏色變淺、發黃、發白……如果發生這些狀況，就是該追加植物營養劑的時候。

照片裡是稍微有點變白的綠苔草。這時候可以使用短棒狀的水草營養劑。用鑷子夾取營養劑後插進顏色變淡的水草底下，埋得越深越好。

1 週左右營養劑就能夠發揮作用，長出的新葉如果恢復成綠色就表示 OK 了。用量方面，像是照片裡的綠苔草大概用 1 錠即可。

水草如果長太長了

當水草長得太好，不僅會破壞好不容易佈置完成的造景，魚兒游動空間也會減少，所以「修剪」是必要的，方法大致可以分成兩種。

▶直接剪頭

首先是「直接剪頭」這種方法，將太長的水草直接從適合的長度下刀修剪。水草頂部的葉子其實是「新葉」，將新葉剪除會造成暫時生長停止的現象，不過慢慢又會重長出來，恢復成原來的樣子，被剪下的新葉若是用鑷子小心種下，到時會再長出根來，成為一株完整的水草，所以持續生長的水草就要定期剪頭整理。不過，直接剪頭的方式只限於長得很好、生氣蓬勃的水草，如果因為營養不足導致莖上葉子不多，就不能直接剪頭，而要採用接下來說明的「剪腳重插」這種方法。

▶剪腳重插

像照片裡的紅色小圓葉長得太長了，可以用剪頭以外的方法修剪，也就是「剪腳重插」。將水草小心拔起，動作要輕慢，因為根部抓著土壤，如果動作太大，土壤會把水弄渾濁。拔起來之後剪成適當長短，將前端（新葉）的部分種回去。這種方法保存了新葉又能修剪長度，和剪頭比起來之後長出的葉子會比較漂亮。直接剪頭雖然比較簡單，但是新葉被剪掉了，在重新長出來之前都會看起來醜醜的。決定使用哪種修剪方法，也是整理水族瓶時的一種樂趣。

如果玻璃內側髒了

製作完成後，可能過幾週玻璃內側會長出苔蘚。在換水之前可以剪一小塊科技海綿插在鑷子上清潔玻璃內側，這樣就能夠簡單除去髒污，清潔後再換水。

如果太久沒有清潔，髒污會黏著在玻璃上很難除去，所以即使看起來還算乾淨，每週仍要進行這樣的清潔工作，才能保持玻璃閃閃發亮。

夏天和冬天的整理方法

▶夏天　如果一整天都開冷氣的話就沒有關係，不過基本上夏天還是水溫容易上升的季節，如果不注意，很可能發生水草枯萎或生物死亡的現象（尤其是蝦子類要特別小心），所以要勤於換水。每 3 天一次，換掉 1/3 ～ 1/2 的水，這樣應該可以撐過炎熱的夏日。

夏天要勤於換水，每次不用換掉整瓶，大概換一半即可。

▶冬天　水溫隨著室溫下降，水族瓶裡如果有養像是長尾鬥魚之類的熱帶魚類，大概 10 月左右就要開始使用保溫器材比較保險。類似暖氣地板的保溫墊，可以讓水族瓶保持溫度，即使是熱帶魚也能度過寒冬。另外，飼料要給得比夏天時候少一些，換水的話每週 1 次即可。

長時間無法整理的話

擺設地點不要直接曬到太陽，但是又不能沒有光線，所以還是要放在明亮的地方。如果使用照明器具，可以選擇市面上的「定時器」，設定一天開 8 小時。只有 3~4 天不在的話，即使不給魚飼料也沒有關係，但是如果連續 1 週不在家，最好能托給朋友照顧，避免回到家後水族瓶發生「天啊，怎麼會這樣！」的狀況。

使用保溫器材就不用擔心冬天的水溫管理了，器材會自動感知溫度來調節，雖然使用的環境多少會有影響，不過大致上水溫都可以控制到 20 度，飼養長尾鬥魚之類的熱帶魚不會有問題。

73

生物圖鑑

水族瓶的一大樂趣就是也可以養魚蝦等生物。不過,並不是所有的水生動物都
適合水族瓶,就來認識一下適合飼養在瓶中的種類吧!

白雲山
Tanichthys albonubes

原產地／中國

特徵

最適合水族瓶的魚種,用小型容
器就可以飼養,只要是熱帶魚店
大概都可以買到,算是熱賣的種
類。耐低水溫,冬天只要養在室
內就可以存活。大約可以長到和
青鱂差不多,3～4公分大小。壽
命約2年,可以養很久。

黃金白雲山
Tanichthys albonubes var.

原產地／(改良品種)

特徵

白雲山的改良品種,黃色魚身是
最大特色。生命力強,很好飼養,
基本上和白雲山一樣耐低水溫,
只要養在室內,沒有加溫器具也
可以存活。

斑馬魚
Danio rerio

原產地／印度

特徵

原產於印度的小型鯉科魚。很適
合養在水族瓶這樣的小型容器中,
活動力十足,養在大缸裡面大概
可以長到5公分,和鯉魚一樣嘴
巴有2條鬍鬚。雖然耐低水溫,
但最好還是不要養在冬天的玄關
或是很冷的場所,可以養在客廳
之類的地方。

豹皮斑馬魚
Danio frankei

原產地／（不明）

特徵

和斑馬魚特性幾乎完全相同的小型鯉科魚。斑馬魚身上有著深藍色的條紋，豹皮斑馬魚則是金色的魚身上有著黑色斑點。因為活動力很強，所以會讓水族瓶顯得很熱鬧，稍微大一點的水族瓶還可以跟白雲山或是斑馬魚混養。

青鱂魚
Oryzias latipes

原產地／日本、亞洲

特徵

日本最受人喜愛的小型魚。青鱂和白雲山不一樣，身體比較硬，所以不太適合養在小型的水族瓶中，最好養在有 2 公升水量、較為寬闊的容器中，同時必須控制飼養的數目。

螢光魚
Oryzias latipes var.

原產地／（改良品種）

特徵

擁有可愛的白色魚身，是青鱂的改良品種，生命力強，也很好養，可以在水族瓶中優雅地游來游去，和一般的青鱂特性幾乎完全相同。若要使用小型水族瓶，最好不要再養別種魚，因為其他的小型魚會追著螢光魚跑。

4

5

6

7

霓虹燈魚
Paracheirodon innesi

原產地／亞馬遜流域

特徵

小型熱帶魚中最受人喜愛的就是霓虹燈魚，紅藍的配色讓人無法移開雙眼。容器不要太小的話，也可以用水族瓶的方式飼養，秋天到春天這段期間，使用保溫器具就能夠簡單養活。試著用水族瓶風雅地養養看吧！

長尾鬥魚
Betta splendens var.

原產地／泰國

特徵

是一種充滿華麗氣勢、很有存在感的熱帶魚。魚鰭能夠漂亮地展開，這是其他魚種所沒有的美麗，加上魚身和各部分的魚鰭佔的空間都不小，使用的水族瓶一定要佈置得十分寬廣。非常怕冷，所以從 10 月左右開始就必須做好保溫工作，可以在水族瓶的底部鋪上保溫墊加溫。這種魚討厭渾濁的水，所以勤於換水的話可以讓它長得更好。

孔雀魚
Peocilia reticulata var.

原產地／（改良品種）

特徵

熱帶魚界的偶像。公魚有豪華漂亮的魚鰭，如果幾隻公魚養在比較狹小的水族瓶裡，可能會發生互鬥現象。因為是熱帶魚，所以 10 月左右開始就必須做好保溫工作。瓶中不要佈置小樹枝之類的尖銳的材料，不然可能會傷到魚鰭。

黑殼蝦
Neocaridina denticulata

原產地／日本、東亞

特徵

和日本也有的小型米蝦同類，是最容易在水族瓶飼養的蝦類，養兩隻以上就能產卵繁殖。會吃掉水族瓶裡長出的苔蘚，扮演清道夫的角色。非常怕熱，所以夏天要勤於換水。

玫瑰蝦
Neocaridina denticulata sinensis var.

原產地／台灣

特徵

和黑殼蝦非常相似的種類。這種全身紅通通的小米蝦，很多人都覺得很可愛、很療癒，只要注意夏天不要讓水溫過高並勤於換水，就很容易養活，即使是水族瓶也可以繁殖出小蝦喔！

大和米蝦
Caridina multidentata

原產地／日本西部、台灣等地

特徵

比黑殼蝦要大上一號的大型米蝦，較適合大型的水族瓶。雖然比黑殼蝦難養一點，不過「吃掉苔蘚」的能力卻比黑殼蝦好很多。雖然市面上可以買到 5 公分大小的蝦子，不過小型的水族瓶挑選 2 公分左右的即可。

紅水晶蝦
Neocaridina sp.

原產地／（改良品種）

特徵

超可愛的紅白條紋，非常受人喜愛的一種米蝦。紅白花紋圖案各異，有許多不同品種，在水族瓶中爬行的樣子可愛得讓人目不轉睛。因為非常怕熱，夏天要注意不可讓水溫過高。養兩隻以上就可以繁殖出小蝦。

扁卷螺
Indoplanorbis exustus

原產地／（改良品種）

特徵

印度扁卷螺的白色品種。在水族瓶裡會吃掉漂浮的苔蘚與髒污，扮演清道夫的角色。貝殼大約會長到 1 公分左右，糞便很顯眼，所以要定期用吸管清除。

12

13

14

15

其他螺類

※ 可以直接跟水族店要。

負責清潔水族瓶的各種螺類。和扁卷螺的特性幾乎完全相同，只要養在瓶中，就可以防止苔蘚生長。還沒長苔蘚的瓶子養個幾隻就足夠了，因為生命力很強，不怕養不活。缺點是繁殖力也很強，如果生了小螺要記得趕快挑出來，不然瓶子裡很快就會長滿螺類。

BOTTLIUM 水族瓶
Q&A 問答集

與大型的水族缸相當不同，完全是使用日常生活容器製作出來的水族瓶，在此回答大家可能會有的一些疑難問題。因為是在較小的空間飼養活的動植物，所以佈置出讓水草和魚蝦住起來舒服的環境，就是水族瓶長久維持的祕訣。

Q1 水族瓶可以養多久呢？

A1 常常有人提這個問題。其實只要照顧得好，一定可以撐上好幾個月，理論上甚至應該活上好幾年。水草只要加肥料好好養，就可以一直活下去，不過底砂的土壤（水草用土）時間久了顆粒會崩解成泥狀，容易讓水質渾濁或長苔。

Q2 水族瓶可以養金魚嗎？

A2 這不太建議。金魚最小隻也有 5 公分大，用水族瓶養太勉強了。還有，金魚會吃水草，所以不是那麼適合。雖然很可惜，但還是放棄這個念頭比較好。

水族瓶不是什麼都能養，但是只要用心照顧，就可以長久維持。

Q3 1 個水族瓶可以養幾隻魚？

A3 1 公升的水大概可以養 1 隻青鱂那樣大小的魚（約 3 公分）。舉例來說，本書用玻璃密封罐製作的水族瓶容量大約是 700 毫升，養 1 隻就差不多了。如果是其他種類的生物，黑殼蝦大概可以養 2 隻，螺類大概養 1 隻。魚養越多飼料就需要投越多，容易影響到水質，這樣水族瓶就不容易維持下去，為了不要發生悲劇，千萬不要勉強養太多魚。

Q4 如果魚蝦死掉的話……

A4 只要是活的動物，不管再怎麼悉心照顧，壽命都有終了的一天。如果魚蝦等生物死掉的話，不可以放著不處理，一定要馬上挑出來，可以使用鑷子這類的工具取出。若是放著不管，屍體腐敗後會產生氨氣（阿摩尼亞），水質會變很糟。另外，有時生物也會因為不明原因死亡，這樣記得要換掉至少一半的水。如果是因為水質太差而死掉，換水可以預防水質惡化的發生。

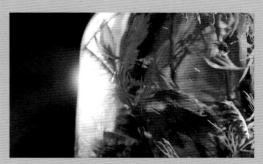

材料該上哪裡買？

水族用品店家資訊

用來製作水族瓶的容器，多半可以使用手邊現有玻璃瓶罐，或是家中多餘餐具、杯碗搞定，但是拿來佈置的水草、土壤等材料，一定得到專業的水族商店才能買到。除了水族相關的實體店面外，網路上也可以輕鬆找到許多專業賣家。（資料內容為 2015/6/30 收集，如有變更請以各店公告為主。）

網友給予高評價的水草店家，
水草種類多樣齊全。

1 ｜ 巧意水族 ｜

地址：台北市中山區民生東路二段 124 號 2 樓
電話：02-2562-1415
營業時間：週一 ～ 週六 14：00 ～ 21：00
FB 專頁：無

不論新手或是熱愛水族的玩家，
都可以安心踏進去的一家店，
水草選擇也很多。

2 ｜ 優雅水族園 ｜

地址：台北市松山區民權東路五段 8 號
電話：02-2762-1010
營業時間：週一 ～ 週日 11：00 ～ 22：00
FB 專頁：優雅水族園

多個網路交易平台的水草賣家，
提前下單能約定自取時間。

4 ｜ 水草爆缸 ｜

網路商店：露天拍賣搜尋「水草爆缸」
或洽官網 www.waterplants.url.tw

除了魚類之外，
有 2、30 種水草可供挑選。

3 ｜ 金魚世家（七彩水族） ｜

地址：台北市松山區民權東路五段 44 號 1 樓
電話：02-2766-1856
營業時間：週一 ～ 週日 11：00 ～ 22：00
FB 專頁：金魚世家

拍賣的商品評價很高，
魚蝦水草、水族用品通通有。

5 │青島水族│

地址：新北市板橋區實踐路 129 號
電話：02-2952-3322
營業時間：週二 ～ 週日 10：00 ～ 22：00
網路商店：奇摩拍賣搜尋「青島水族」

商品種類多，各類配件都找得到，
網站上分享很多水族的最新訊息。

6 │ AC 草影水族│

網路商店：www.acshop.com.tw
或洽 FB 專頁「AC 草影水族」

店內販售的器材及水草魚蝦
種類齊全，諮詢服務非常周到。

7 │水世界水族生態館│

地址：台北市松山區民權東路五段 56 號
電話：02-2528-2676
營業時間：週一 ～ 週日 12：00 ～ 23：00
FB 專頁：水世界水族生態館

老闆非常親切，
水草、燈魚這邊都買得到。

8 │百色魚兒水族│

地址：台北市松山區民權東路五段 24 號
電話：02-2756-6805
營業時間：週一 ～ 週日 12：00 ～ 22：00
（開店時間不定，可先電洽）
FB 專頁：無

有網路商店也有實體店面，
價格實惠。

9 │新鮮魚水族用品店│

地址：新北市中和區中山路二段 136 巷 70
號 1 樓
電話：02-8245-5103
營業時間：週一 ～ 週六 11:30 ～ 21:30
網路商店：露天拍賣搜尋「中和新鮮魚實
體水族館」

專賣珍稀水草與短鯛，
品質有一定水準，獲得網友一致好評。

10 │瀧水族工作室－珍稀水草與短鯛專賣店│

地址：新竹縣寶山鄉雙園路二段 260 巷 1 弄 18 號 3 樓
電話：0986-002855
營業時間：需事先電話預約
FB 專頁：瀧水族工作室－珍稀水草與短鯛專賣店

朱雀文化與你一起用心生活

台北市信義區基隆路二段13-1號3樓／02-23453868／redbook.com.tw

Plant 植物系列

Plant001	懶人植物：每天1分鐘，紅花綠葉一點通／唐芩 定價280元
Plant003	超好種室內植物：簡單隨手種，創造室內好風景／唐芩 定價280元
Plant005	我的有機菜園：自己種菜自己吃／唐芩 定價280元
Plant006	和孩子一起種可愛植物：打造我家的迷你花園／唐芩 定價280元

Magic 魔法書系列

Magic004	6分鐘泡澡瘦一身：70個配方，讓你更瘦更健康美麗／楊錦華 定價280元
Magic008	花小錢做個自然美人：天然面膜、護膚護髮、泡湯自己來／孫玉銘 定價199元
Magic009	精油瘦身美顏魔法／李淳廉／著，香草魔法學苑/企畫 定價230元
Magic010	精油全家健康魔法：我的芳香家庭護照／李淳廉 定價230元
Magic013	費莉莉的串珠魔法書：半寶石、璀璨・新奢華／費莉莉 定價380元
Magic014	一個人輕鬆完成的33件禮物：點心・雜貨・包裝DIY／金一鳴、黃愷縈 定價280元
Magic016	開店裝修，省錢＆賺錢123招！：成功打造金店面，老闆必修學分／唐芩 定價350元
Magic017	新手養狗實用小百科：勝犬調教成功法則／蕭敦耀 定價199元
Magic018	現在開始學瑜珈：青春，停駐在開始練瑜珈的那一天／湯永緒 定價280元
Magic019	輕鬆打造！中古屋變新屋：絕對成功的買屋、裝修、設計要點＆實例／唐芩 定價280元
Magic021	青花魚教練教你打造王字腹肌：型男必備專業健身書／崔誠兆 定價380元
Magic024	10分鐘睡衣瘦身操：名模教你打造輕盈S曲線／艾咪 定價320元
Magic025	5分鐘起床拉筋伸展操，我又變瘦了～：最新NEAT瘦身概念+增強代謝+廢物排出／艾咪 定價330元
Magic026	家。設計：空間魔法師不藏私裝潢密技大公開／趙喜善 定價420元
Magic027	愛書成家── 書的收藏 × 家飾・達米安・湯普森（Damian Thompson） 定價350元
Magic028	實用繩結小百科：700個步驟圖，日常生活、戶外休閒、急救繩技現學現用／羽根田治 定價220元
Magic029	我的90天減重日記本90 Days Diet Diary／美好生活實踐小組 定價150元
Magic030	怦然心動的家中一角：工作桌、創作空間與書房的好感布置／凱洛琳・克利夫頓摩格（Caroline Clifton-Mogg） 定價360元
Magic031	超完美！日本人氣美甲圖鑑：最新光療指甲圖案634款／辰巳出版株式 社編集部美甲小組 定價360元
Magic032	我的30天減重日記本（更新版）30 Days Diet Diary／美好生活實踐小組 定價120元
Magic033	打造北歐手感生活，OK！：自然、簡約、實用的設計巧思／蘇珊娜・文朵, 莉卡・康丁哥斯基 Susanna Vento,Riikka Kantinkoski 定價380元
Magic034	生活如此美好：法國教我慢慢來／海珊葉塔•希爾德 Henrietta Heald 定價380元
Magic035	跟著大叔練身體：1週動3次、免戒酒照聚餐，讓年輕人也想知道的身材養成術／金元坤 定價320元
Magic036	一次搞懂全球流行居家設計風格Living Design of the World：111位最具代表性設計師、160個最受矚目經典品牌，以及名家眼中的設計美學／CASA LIVING 編輯部 定價380元

Hands003　1天就學會鉤針：飾品＆圍巾＆帽子＆手袋＆小物／王郁婷　定價250元

Hands005　我的第一本裁縫書：1天就能完成的生活服飾‧雜貨／真野章子　定價280元

Hands007　這麼可愛，不可以！：用創意賺錢，5001隻海蒂小兔的發達之路／海蒂Heidi　定價280元

Hands008　改造我的牛仔褲：舊衣變新變閃亮變小物／施育芃　定價280元

Hands013　基礎裁縫BOOK：從工具、縫紉技法，到完成日常小物＆衣飾／楊孟欣　定價280元

Hands014　實用裁縫的32堂課：最短時間、最省布料製作服飾和雜貨／楊孟欣　定價280元

Hands015　學會鉤毛線的第一本書：600張超詳盡圖解必學會／靚麗出版社　定價250元

Hands016　第一次學做羊毛氈：10分鐘做好小飾品，3小時完成包包和小玩偶／羊毛氈手創館　定價280元

Hands018　羊毛氈時尚飾品DIY：項鍊、耳環、手鍊、戒指和胸針／小山明子　定價280元

Hands019　一塊布做雜貨：圓點格紋、碎花印花＆防水布做飾品和生活用品／朱雀文化編輯部企畫
　　　　　　定價280元

Hands020　我的手作布書衣：任何尺寸的書籍、筆記本都適用的超實用書套／up-on factory　定價280元

Hands021　我的第一本手作雜貨書：初學者絕不失敗的22類創意手工實例教學／CR＆LF研究所、永島可奈子
　　　　　　定價280元

Hands026　帶1枝筆去旅行：從挑選工具、插畫練習到親手做一本自己的筆記書／王儒潔　定價250元

Hands027　跟著1000個飾品和雜貨來趟夢想旅行：集合復古、華麗、高雅和夢幻跨越時空的好設計
　　　　　　／Kurikuri編輯部編　定價320元

Hands028　第一隻手縫泰迪熊：設計師量身定做12隻版型，創作專屬Teddy Bear！／迪兒貝兒Dear Bear
　　　　　　定價320元

Hands029　裁縫新手的100堂課：520張照片、100張圖表和圖解，加贈原尺寸作品光碟，最詳細易學會！
　　　　　　／楊孟欣　定價360元

Hands030　暖暖少女風插畫BOOK：從選擇筆類、紙張，到實際畫好各種人物、美食、生活雜貨、動物小
　　　　　　圖案和上色／美好生活實踐小組 編著 潘純靈繪圖　定價280元

Hands031　小關鈴子的自然風拼布：點點、條紋、花樣圖案的居家與戶外生活雜貨／小關鈴子　定價320元

Hands032　蝴蝶結：80款獨家設計時尚飾品和生活雜貨／金幼琳　定價360元

Hands033　幫狗狗做衣服和玩具／李知秀Tingk　定價380元

Hands034　玩玩羊毛氈：文具、生活雜貨、旅行小物和可愛飾品／林小青　定價320元

Hands035　從零開始學木工──基礎到專業，最詳細的工具介紹＋環保家具DIY／禹尚延　定價360元

Hands036　皮革新手的第一本書：圖解式教學＋Q＆A呈現＋25件作品＋影像示範，一學即上手！／楊孟欣
　　　　　　定價360元

Hands037　北歐風！洛塔的布雜貨：風靡歐、美、日，超人氣圖樣設計師的經典作品／洛塔‧詹斯多特
　　　　　　（Lotta Jansdotter）　定價360元

Hands038　插畫風可愛刺繡小本本：旅行點滴VS.生活小物～玩到哪兒都能繡／刺繡◎娃娃（潘妮達‧妍席
　　　　　　莉諾帕昆）／插畫◎潘（妮塔‧齊娜萊）　定價250元

Hands039　超簡單毛線書衣：半天就OK的童話風鉤針編織／布丁（Pudding Choc）　定價250元

Hands040　手作族最想學會的100個包包Step by Step：1100個步驟圖解＋動作圖片＋版型光碟，新手、高
　　　　　　手都值得收藏的保存版／楊孟欣　定價450元

Hands041　純手感北歐刺繡：遇見100%的瑞典風圖案與顏色／卡琳‧荷柏格（Karin Holmberg）　定價350元

Hands042　不只是繡框！100個手作雜貨、飾品和生活用品／柯絲蒂‧妮爾（Kirsty Neale）　定價360元

Hands043　用撥水＆防水布做提袋、雨具、野餐墊和日常用品：超簡單直線縫，新手1天也OK的四季防水
　　　　　　生活雜貨／水野佳子　定價320元

Magic 037

小清新迷你水族瓶

用喜歡的玻璃杯罐、水草小蝦，打造自給自足的水底生態

作者	田畑哲生
翻譯	徐曉珮
美術編輯	黃祺芸、方慧穎
企畫編輯	古貞汝
校對	連玉瑩
行銷	石欣平
企畫統籌	李橘
總編輯	莫少閒
出版者	朱雀文化事業有限公司
地址	台北市基隆路二段13-1號3樓
電話	02-2345-3868
傳真	02-2345-3828
劃撥帳號	19234566 朱雀文化事業有限公司
e-mail	redbook@ms26.hinet.net
網址	http://redbook.com.tw
總經銷	大和書報圖書股份有限公司（02）8990-2588
ISBN	978-986-6029-90-5
初版一刷	2015.07

定價　　　250元

國家圖書館出版品預行編目

小清新迷你水族瓶：用喜歡的玻璃杯
罐、水草小蝦，打造自給自足的水底
生態/ 田畑哲生著；徐曉珮 翻譯
－初版－台北市：
朱雀文化，2015.07
面；公分，一（Magic 037）
ISBN 978-986-6029-90-5（平裝）

1.水生植物 2.養魚 3.水景
435.49　　　　　　　104010386

About 買書：
●朱雀文化圖書在北中南各書店及誠品、金石堂、何嘉仁等連鎖書店，以及博客來、讀冊、PCHOME等網路書店均有販
售，如欲購買本公司圖書，建議你直接詢問書店店員或上網採購。如果書店已售完，請洽本公司經銷商大和書報圖書股份
有限公司TEL：（02）8990-2588（代表號）。
●●至朱雀文化網站購書（http://redbook.com.tw），可享85折起優惠。
●●●至郵局劃撥（戶名：朱雀文化事業有限公司，帳號19234566），掛號寄書不加郵資，4本以下無折扣，5～9本95
折，10本以上9折優惠。

設計師品牌玻璃杯瓶，9折限時優惠券

由台灣旅義設計師獨創的雙層玻璃杯，只限迷你水族瓶讀者才有的專屬好康優惠。

上 Pinkoi 網站搜尋：「studio-KDSZ」，馬上可享「裏 - 外雙層玻璃杯／瓶組系列」單品全面 9 折！

■ 結帳時請輸入優惠代碼：2015_bottlium_fan ， 優惠期限為 2015.07.01 ～ 2015.10.31 ■

「裏 - 外系列」設計概念來自美麗器型但不同形狀的傳統中式容器，內與外的留白空間能隔絕溫度，隨著盛裝物不同產生各樣變化，就像為傳統器具披上美麗外衣。作品採雙層耐熱玻璃 [高硼硅（矽）玻璃]，耐熱 -30 ～ 180℃，手工吹制每件都獨一無二。更多商品介紹都在 www.pinkoi.com/store/studio-kdsz